AF391513

LES RACES BOVINES

AU CONCOURS UNIVERSEL AGRICOLE DE PARIS

EN 1856

LES RACES BOVINES

AU CONCOURS UNIVERSEL AGRICOLE DE PARIS EN 1856

ÉTUDES ZOOTECHNIQUES

PUBLIÉES PAR ORDRE DE S. EXC. LE MINISTRE DE L'AGRICULTURE, DU COMMERCE ET DES TRAVAUX PUBLICS

PAR

M. ÉMILE BAUDEMENT

PROFESSEUR DE ZOOTECHNIE AU CONSERVATOIRE IMPÉRIAL DES ARTS ET MÉTIERS

MEMBRE DE LA SOCIÉTÉ IMPÉRIALE ET CENTRALE D'AGRICULTURE, ETC.

FIGURES

PARIS

IMPRIMERIE IMPÉRIALE

M DCCC LXI

ILES BRITANNIQUES

TAUREAU DE DURHAM

VACHE DE DURHAM

TAUREAU DE DURHAM

VACHE DE DURHAM

TAUREAU DE HEREFORD

VACHE DE HEREFORD.

Pl. VI.

TAUREAU DE DEVON

VACHE DE DEVON

VACHE DE JERSEY

TAUREAU D'AYR

VACHE D'AYR.

TAUREAU D'ANGUS

Imp. Lemercier, Paris.

Pl. XVI

VACHE D'ANGUS

TAUREAU DE WEST HIGHLAND

VACHE DE WEST-HIGHLAND

TAUREAU DE KERRY

VACHE DU BERRY

HOLLANDE ET DANEMARK

TAUREAU HOLLANDAIS

TAUREAU DU JERSEY

TAUREAU D'ANGELN.

Pl. XXVI.

VACHE D'ANGELN.

TAUREAU DES POLDERS DU HOLSTEIN

VACHE DES POLDERS DU HOLSTEIN

SUISSE ET ALLEMAGNE

TAUREAU DE FRIBOURG

TAUREAU DE [illegible]

VACHE DE BERNE

TAUREAU DE SCHWITZ

VACHE DE SCHWITZ

TAUREAU D'OBWALDEN

Pl. XXXVII

VACHE D'OBERHASLI

Pl. XXXIX

TAUREAU DU GLANE.

VACHE DE GLANE.

Imp. Lemercier. Paris

TAUREAU DE VOIGTLAND.

VACHE DE VOIGTLAND

Pl. VIII

EMPIRE D'AUTRICHE

TAUREAU DE PINZGAU

VACHE DE MONTAFONE

TAUREAU ET VACHE DE DUX.

VACHE DE ZILLERTHAL.

TAUREAU DE MURZTHAL

VACHE DE MURZTHAL.

TAUREAU DE MARIAHOF.

VACHE DE WINTERWALD

BŒUF DE CALAIS

BŒUF DE GALICIE

TAUREAU DE LENESCHITZ.

TAUREAU HONGROIS

VACHE HONGROISE

ATTELAGE DE BŒUFS HONGROIS

BUFFLE.

FRANCE

TAUREAU NORMAND

VACHE NORMANDE.

PL. LXIV

TAUREAU FLAMAND.

Pl. LXV

VACHE FLAMANDE

VACHE CHAROLAISE

TAUREAU DE SALERS.

VACHE DE SALERS

TAUREAU D'AUBRAC

TAUREAU LIMOUSIN.

VACHE LIMOUSINE

TAUREAU GARONNAIS

PL. LXXXVI

TAUREAU GASCON

TAUREAU BAZADAIS.

VACHE BAZADAISE

TAUREAU LANDAIS

TAUREAU PARTHENAIS.

VACHE PARTHENAISE

Pl. LXXIV

TAUREAU BRETON

VACHE BRETONNE

VACHE NANCELLE.

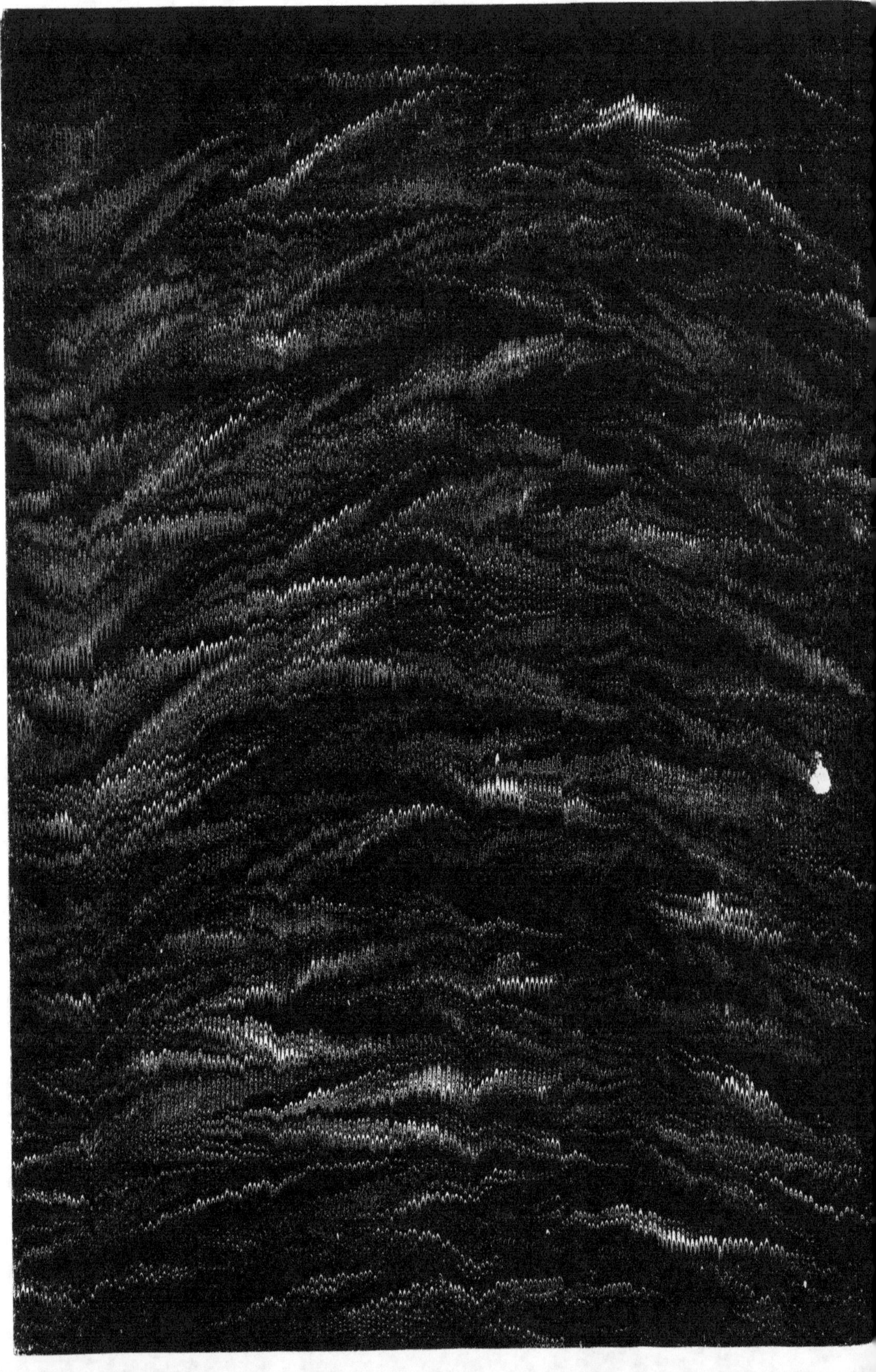